新锐设计师的最新力作

客厅设计广场

Sitting Room Design Square

· 现代客厅 ·

《客厅设计广场》编写组/编

U0315054

机械工业出版社

CHINA MACHINE PRESS

客厅是家庭聚会、休闲的重要场所，是最能体现居室主人个性的居室空间，也是访客停留时间最长、关注度最高的区域，因此，客厅装饰装修是现代家庭装饰装修的重中之重。为顺应家装市场对客厅装修的整体设计、材料选择、装修细节及注意事项上的图书需求，《客厅设计广场》应运而生。

本系列图书分为现代客厅、中式客厅、欧式客厅、雅致客厅和经济客厅五类，根据不同的装修风格对客厅整体设计进行了展示。本系列图书共精选2000个客厅装修经典案例，图片信息量大，这些案例图集均选自国内知名家装设计公司所倾情推荐给业主的客厅设计方案，全方位呈现了这些项目独特的设计思想和设计要素，为客厅设计理念提供了全新的灵感。本系列图书针对每个方案均标注出该设计所用的主要材料，使得读者对装修主材的装饰效果有了更直观的视觉感受。针对客厅装修中读者最为关心的问题，作者从整体设计、精心选材、标准施工等方面进行了归纳，有针对性地配备了大量通俗易懂的实用小贴士。

图书在版编目（CIP）数据

客厅设计广场. 现代客厅 / 《客厅设计广场》编写组编.
— 北京 ：机械工业出版社，2013.5
ISBN 978-7-111-42417-8

Ⅰ．①客… Ⅱ．①客… Ⅲ．①客厅－室内装饰设计－图集 Ⅳ．①TU241-64

中国版本图书馆CIP数据核字（2013）第093360号

机械工业出版社（北京市百万庄大街22号　邮政编码 100037）
策划编辑：宋晓磊　　　　　　　　责任编辑：宋晓磊
责任印制：乔　宇
北京汇林印务有限公司印刷

2013年6月第1版第1次印刷
210mm×285mm · 6印张 · 150千字
标准书号：ISBN 978-7-111-42417-8
定价：29.80元

Contents

目 录

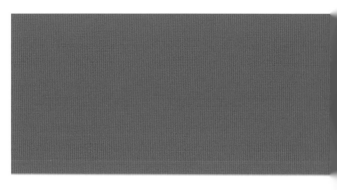

什么是现代风格 🔍

　　现代风格起源于1919年成立的鲍豪斯学派,该学派处于当时的历史背景,强调突破旧传统,创造新建筑,重视功能和空间组织,注意发挥结构构成本身的形式美,造型简洁,反对多余装饰,崇尚合理的构成工艺,尊重材料的性能,讲究材料自身的质地和色彩的配置效果,发展了非传统的以功能布局为依据的不对称的构图方法。现代风格由于把功能置于首位,故又称功能主意风格,又因为很快风靡世界各地,因此又称为国际风格。

印花壁纸

米黄色网纹大理石

白枫木格栅

雕花茶玻璃

米色抛光墙砖

实木地板

条纹壁纸

不锈钢条

实木地板

灰白色洞石

印花壁纸

白桦木饰面板

雕花银镜

不锈钢条

仿古砖

雕花清玻璃

陶瓷锦砖

木纹大理石

米黄色云纹大理石

木纹大理石

米色亚光玻化砖

雕花银镜

木纹抛光墙砖

强化复合木地板

现代风格客厅有什么特点

现代风格强调的是功能至上的原则，以最少的材料达到功能实现的要求。与现代人紧张忙碌的生活相适应，现代风格的客厅只强调必要的沙发、茶几和组合电器装置，不再有观赏性强的壁炉和繁琐的布艺窗帘等过分性装饰。

陶瓷锦砖

石膏板拓缝

装饰硬包

装饰灰镜

米黄色大理石

印花壁纸

陶瓷锦砖

石膏板拓缝

强化复合木地板

条纹壁纸

强化复合木地板

米色亚光玻化砖

木纹壁纸

白色玻化砖

黑色烤漆玻璃

米黄色网纹大理石

中花白大理石

镜面陶瓷锦砖

米黄色抛光墙砖

泰柚木饰面板

中花白大理石

密度板雕花贴清玻璃

灰镜装饰线

灰白色网纹玻化砖

木纹大理石

白枫木装饰线

印花壁纸

陶瓷锦砖

皮纹砖

装饰灰镜

现代风格客厅的色彩设计有什么特点

现代简约风格是以单种着色作为基本色调，如白色、浅黄色等，给人以纯净、文雅的感觉，增加室内的亮度，使人容易产生乐观的心态。也可以很好地运用对比和衬托，调和鲜艳的色彩，产生美好的节奏感和韵律感，像一个干净的舞台，能最大限度地表现陈设的品质，灯具的光亮及色彩的活力。

简约的表现背景着色可以是单纯的、热烈的，用色平整，面大，鲜活，面与面接口有层次，家具要统一、完整，强调无主光源，也可用多头直流氖光灯，强调用灯光烘托陈设品，如织物、雕塑、工艺品等要素，制造情调。

密度板雕花隔断

米色玻化砖

米色抛光墙砖

车边灰镜

羊毛地毯

强化复合木地板

黑镜装饰线

强化复合木地板

白色人造大理石

桦木饰面板

白色玻化砖

石膏板异形背景

黑镜装饰线

强化复合木地板

条纹壁纸 白色玻化砖

强化复合木地板

车边银镜

木纹大理石

仿古砖

密度板拓缝

白色人造大理石

桦木饰面板

装饰灰镜

白色人造大理石

水曲柳饰面板

密度板线条贴灰镜

印花壁纸

实木地板

装饰银镜

石膏板背景

装饰硬包

米世坡化砖

石膏板背景   白色玻化砖

有色乳胶漆

艺术墙贴

中花白大理石

米黄色云纹大理石

白色亚光墙砖

陶瓷锦砖

黑色烤漆玻璃

米黄色洞石

密度板树干造型

现代风格客厅适合摆放哪些家具

现代风格客厅的家具应根据该空间的功能性质来选择，最基本、最低限度的要求是，选购包括茶几在内的能够休息和谈话使用的座位(通常为沙发)，同时应适当配备电视、音响、影视资料、书报、饮料等。

如果客厅还有其他功能需求，可根据需要适当增加相应的家具设备。例如，物品较多可选用多功能组合家具；物品较少可只摆放电视机柜。

客厅的家具选择范围较广，一般以长沙发为主，可将其排成"一"字形、"U"字形或双排形。不同风格的对称形、曲线形和自由组合形的家具也是很好的选择。

总之，客厅的家具应做到简洁大方，并以适应不同情况下人们的心理需要和个性要求为最佳。

密度板雕花贴灰镜

印花壁纸

水曲柳饰面板

木纹大理石

雕花银镜

浅咖啡色网纹大理石

白色乳胶漆

米色玻化砖

陶瓷锦砖

印花壁纸

胡桃木饰面板　　　　强化复合木地板

强化复合木地板

白枫木踢脚线

木纹大理石

手工绣制地毯

白枫木饰面板

白枫木装饰线

米色玻化砖　　　　　　　　羊毛地毯

印花壁纸

艺术墙贴

装饰茶镜

雕花清玻璃　　　　　　印花壁纸

印花壁纸

镜面陶瓷锦砖

条纹壁纸

浅米色网纹玻化砖　　　　　装饰硬包　　　　　木纹大理石

现代简约客厅就是简单的客厅吗

　　所谓简约客厅，它是经过深思熟虑并经过创新得出的设计思路的延展，不是简单的"堆砌"和平淡的"摆放"，而是采用较少的、做工细致的、造型简洁的装饰物来装扮客厅，而且风格以简洁、利落的线条为主，这会使房间显得通透、宽敞，房主可以随心所欲地安排室内色彩，节省费用，但能取得极佳的装修效果。

　　但是，简洁、利索的装修风格并不等于简单的装修。如果忽略了生活的需求，一味地追求简约，那就成了过分强调形式的"伪简约"。事实上，真正的简约是强调精粹的凝结，是滤去城市喧嚣与浮躁的明快而悠扬的表达，而不是让客厅显得空空荡荡。

强化复合木地板

雕花银镜

印花壁纸

米黄色网纹玻化砖

灰白色亚光玻化砖

装饰灰镜　　中花白大理石

米色网纹大理石

车边银镜

印花壁纸

浅米色大理石

密度板造型隔断　　　　雕花烤漆玻璃

白色玻化砖

黑色烤漆玻璃

印花壁纸

马赛克　　　　密度板拓缝

黑色烤漆玻璃 ············

艺术地毯 ············

石膏板拓缝 ············

米色玻化砖

印花壁纸

红樱桃木装饰线

灰镜装饰线

印花壁纸

实木地板

印花壁纸

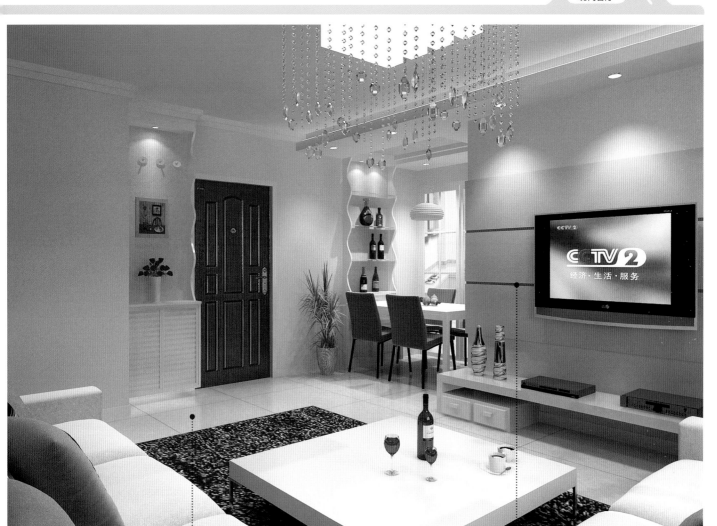

米色玻化砖

密度板拓缝

仿古砖

强化复合木地板

中花白大理石

雕花清玻璃

强化复合木地板

条纹壁纸

混纺地毯

黑色烤漆玻璃

条纹壁纸

木纹玻化砖

如何设计客厅地面的色彩

1.家庭的整体装修风格和理念是确定地板颜色的首要因素。深色调地板的感染力和表现力很强，个性特征鲜明，浅色调地板风格简约，清新典雅。

2.要注意地板与家具的搭配。地面颜色要衬托家具的颜色，并以沉稳柔和为主调，浅色家具可与深浅颜色的地板任意组合，但深色家具与深色地板的搭配则要格外小心，以免产生"黑蒙蒙"压抑的情景。

3.居室的采光条件也限制了地板颜色的选择范围，尤其是楼层较低、采光不充分的居室要注意选择亮度较高，颜色适宜的地面材料，尽可能避免使用颜色较暗的材料。

4.面积小的房间地面要选择暗色调的冷色，使人产生面积扩大的感觉。如果选用色彩明亮的暖色地板就会使空间显得更狭窄，增加了压抑感。

实木地板

中花白大理石

浅米色大理石

米色玻化砖

装饰银镜

灰白色网纹大理石

装饰银镜

雕花银镜

雕花烤漆玻璃

石膏板异形背景

艺术墙贴

条纹壁纸

密度板雕花贴清玻璃

黑镜装饰线

水曲柳饰面板

桦木饰面板

白色亚光墙砖

肌理壁纸

强化复合木地板

中花白大理石

密度板雕花贴灰镜

实木波浪板

石膏板拓缝

密度板拓缝

黑色烤漆玻璃

米黄色釉面砖

木纹玻化砖

木纹釉面砖

如何确定客厅地砖的规格

1.依据居室大小来挑选地砖。房间的面积如果小的话就尽量用小一些的规格，具体来说，如果客厅面积在30m²以下，考虑用600mm×600mm的规格；如果客厅面积在30~40m²，600mm×600mm或800mm×800mm的都可采用；如果客厅面积在40m²以上就可考虑用800mm×800mm的规格。

2.考虑家具所占用的空间。如果客厅被家具遮挡的地方多，也应考虑用规格小一点的。

3.考虑客厅的长宽大小。就效果而言，以瓷砖能全部整片铺贴为好，就是指尽量不裁砖或少裁砖，尽量地减少浪费，一般而言，瓷砖规格越大，浪费也越多。

4.考虑瓷砖的造价和费用问题。对于同一品牌同一系列的产品来说，瓷砖的规格越大，相应的价格也会越高，不要盲目地追求大规格产品，在考虑以上因素的同时，还要结合一下自己的预算，以免造成浪费。

混纺地毯

陶瓷锦砖

印花壁纸

米黄色网纹玻化砖

雕花清玻璃

不锈钢条

米色釉面砖

装饰硬包

中花白大理石

水曲柳饰面板

不锈钢条

实木地板

车边银镜

米色网纹大理石

水曲柳饰面板

米色网纹玻化砖

密度板拓缝

米色玻化砖

密度板雕花贴黑玻璃

印花壁纸

装饰硬包

强化复合木地板

白桦木饰面板

茶镜装饰线

白色乳胶漆

羊毛地毯

装饰灰镜

银镜装饰线

米色网纹玻化砖   混纺地毯

钢化玻璃

强化复合木地板

文化石贴面

黑胡桃木格栅

肌理壁纸

强化复合木地板

黑镜装饰线

中花白大理石

中花白大理石

强化复合木地板

客厅旧地砖装修应该注意什么

　　客厅原有的地砖地面是否应拆除，要视使用情况而定。如果原有地砖已经有局部损坏、较多空鼓或脱落、表面釉质已经磨损，或严重脏污时，则必须拆除更换，若只考虑局部更换几块地砖，则难度较大，且效果不佳。因为现在很难买到与原来颜色、型号和款式一致的地砖。

　　但如果是为了节约开支，在地砖基本完好的条件下可以不更换，但是一定要在装修后期把所有地砖勾缝全部铲除重做。因为以前长期使用过的地砖缝中会有大量细菌或污垢存在，必须清除，并且重新勾缝后会显得更美观。

混纺地毯

灰白色网纹玻化砖

木纹大理石

银镜装饰线

木纹玻化砖

车边银镜

白色乳胶漆

仿古砖

密度板雕花贴灰镜

白色玻化砖

木纹大理石　　　　　　　　羊毛地毯

米色大理石

中花白大理石

艺术墙贴

浅米黄色大理石

白枫木格栅　　　　　　　　　　灰白色洞石

强化复合木地板

中花白大理石

强化复合木地板

黑镜装饰线

客厅旧地板装修应该注意什么

　　客厅原有的地板如果是实木的，并且保养得较好时，可以不考虑拆除，只要对松散的部位进行加固或调整即可。但是一般不要考虑在原地板上重新刷油漆，因为新选用的油漆和原地板上的油漆品牌与漆种不相匹配时，会发生化学反应，轻则损坏漆面，严重的会污损地板板材，造成地板不能使用。如果使用脱漆剂把原来的油漆脱掉后再重新刷油漆，其施工成本相对较高，并且很难保持地板的原貌，同时手工涂刷也很难保证涂刷质量和效果。

　　原有的地板如果是复合地板，如果使用年限不超过五年，且没有严重的磨损时，可以继续使用，但要检查一下地板的完整性和紧密程度。需要注意的是，如果想要进行局部修补或更换时，新买的地板的颜色、纹理、表面光洁度和已经使用过几年的地板会有极大的差异。另外就是如果局部更换或修补时一定要找专业厂家，以保证修补质量和整体效果。

白枫木格栅

雕花烤漆玻璃

镜面陶瓷锦砖

印花壁纸

装饰灰镜

白枫木饰面板

印花壁纸

装饰银镜

混纺地毯

茶色镜面玻璃

强化复合木地板

白枫木装饰立柱

米色玻化砖

石膏板拓缝

密度板雕花贴灰镜

印花壁纸

米色网纹玻化砖

印花壁纸

水曲柳饰面板

印花壁纸

白色玻化砖

米色抛光墙砖

客厅原地砖上是否可以直接铺地板

　　若在客厅原地砖上铺地板，应该首先确认原地砖必须完好，不能有空鼓或脱落的现象。尤其要注意的是，一定要把原地砖表面彻底清理干净，并且进行消毒后再铺装地板，否则地板底层会成为细菌和微生物滋生的场所，对以后的居住健康不利。另外，由于在地砖上直接铺地板增加了地面高差，会对门的高度产生直接影响，同时会对其他不同功能区的地面高度差产生影响，须提前引起注意。

石膏板异形背景

雕花银镜

水曲柳饰面板

中花白大理石

白枫木格栅

印花壁纸

茶色烤漆玻璃

印花壁纸

艺术墙砖

混纺地毯

条纹壁纸

白色玻化砖

白枫木饰面板

装饰灰镜

实木格栅

皮纹壁纸

混纺地毯

印花壁纸

印花壁纸

装饰灰镜

实木地板

米黄色大理石

实木地板的铺设工艺是什么

1.安装前先检查房门可否开启自如,若不能,可将门的下边刨去一定的厚度,然后在地面上铺一层PVC底膜。

2.在墙角处安放好第一块板的位置,榫槽对墙,用木楔块留出10mm的伸缩缝。

3.靠墙的一行安装到最后一块板时,取一整板,与前一块榫头相对平行放置,靠墙端留10mm画线后锯下,安装到行尾,若剩余板料长超过40cm,可用于下一行首。

4.从第二行开始,榫槽内应均匀涂上地板专用胶水(第一行不涂胶水),当地板装上之后,用湿布或塑料刮刀及时将溢出的胶水除去。

5.用锤子与木楦将地板轻轻敲紧。

6.装完前两行后,及时用绳子或尺子校准。

7.装到最后一行时,取一块整板,放在装好的地板上,上下对齐,再取另一块地板,放在这块板上,一端靠墙,然后画线,并沿线锯下,即为所需宽度的地板。

8.装到最后一行板时,先放好木楦块,用专用紧固件将地板挤入,安装完,待2小时后,撤出木楦。

水曲柳饰面板拓缝

雕花银镜

装饰硬包

车边银镜

有色乳胶漆

白桦木饰面板

米色网纹玻化砖

印花壁纸

强化复合木地板

条纹壁纸

黑胡桃木搁板

白色玻化砖

胡桃木饰面板

银镜装饰线

米色玻化砖

米黄色网纹大理石

米黄色网纹玻化砖

白色玻化砖

石膏板肌理造型

灰白色网纹玻化砖

米黄色玻化砖

木纹大理石

密度板拓缝

肌理壁纸

木纹亚光玻化砖

黑镜陶瓷锦砖

米色玻化砖

印花壁纸

木纹大理石　　仿古砖

地板木龙骨的施工工艺有哪些

1.木龙骨的间距应根据地板的长度确定,但每块地板下面的支撑龙骨不得少于两根,否则会直接影响地板受力,缩短地板的使用寿命。

2.木龙骨的固定要同时采用钉接和胶粘两种方法,钉子要以45°方向从两侧钉入木龙骨,如受施工条件限制,必须自上而下钉入,将钉帽没入龙骨内。

3.每排木龙骨的接头必须错开,严禁把木龙骨接头排在一条线上,木龙骨与地面的缝隙必须用木楔调整,而且应该塞实,严禁使用小木块塞垫。

4.如工程造价允许,还可以使用下列方法提高安装水平:用水泥砂浆对整个地面找平;用陶粒或炉渣填充龙骨之间的空间;安装龙骨之前,在地面上刷防水涂料;安装龙骨之前,地面铺满塑料薄膜;龙骨上面加装一层优质细木工板(俗称大芯板)作为毛地板,如果直接用实木做毛地板,成本会增加。

浅米色网纹大理石

雕花茶玻璃

实木地板

白色玻化砖

印花壁纸

米黄色洞石

黑镜装饰线　　　　　　　　　　　　　　　　　　　木装饰线密排　　　密度板雕花贴灰镜

黑色烤漆玻璃

印花壁纸

雕花清玻璃

米黄色网纹玻化砖

羊毛地毯

石膏板拓缝

白枫木饰面板

密度板装饰线贴银镜

米色亚光墙砖

米黄色玻化砖

装饰银镜 ......

印花壁纸 ......

银镜装饰线 ......

白枫木饰面板 ......

密度板雕花贴灰镜

陶瓷锦砖

地热地板铺装有哪些规范

地热地板铺装有十分严格的要求，许多地板的质量问题就是由铺装不当造成的。例如，地下盘管上铺有水泥，当暖气加热时，水泥的水分就会散发出来。在地热地板铺装前要铺一层防潮膜，如果防潮膜没有粘牢，潮气就会渗出，容易导致地板起鼓。要铺地热地板的地面在以2m为半径的范围内必须水平，高低差不得超过3mm。轻标号水泥地面含水率最好低于1.5%，木制地面的含水率应为10%~15%。地板铺装时，室内温度应该保持在20℃左右，相对湿度保持在60%左右为佳。安装工艺以悬浮式安装方式为宜，地板通过垫层材料紧贴地面，地板和地表之间不存有缝隙。

米黄色网纹玻化砖

浅咖啡色网纹大理石　　　　　密度板树干造型

仿古砖

木纹大理石

白色人造大理石

白枫木饰面板

肌理壁纸   桦木饰面板

仿古砖

装饰灰镜

白色玻化砖

绯红色网纹大理石

白枫木装饰线　　　　　　　　　　米黄色网纹玻化砖　　　　　　　　　　白枫木装饰立柱

白色波浪板

印花壁纸

陶瓷锦砖　　　　白色波浪板

桦木饰面板

白枫木格栅

不锈钢条

白枫木饰面板

印花壁纸

地板铺设要注意什么问题

1.通常地板长度排列方向按房间走向或沿着光线确定,可采用有规则或不规则两种方式进行铺设。有规则铺设:地板为同一长度规格,视觉上呈有规则排列,损耗相对较大;不规则铺设:适应已铺地板的安装,地板长短不受限制,损耗较小。

2.预铺。应对地板的色差进行适度的调整。地板的自然色差是客观存在的,适度的色差可以有效地舒缓紧张情绪,防止视觉疲劳。

3.铺设面积较大时,应采取分隔或过桥的方式,合理调整因季节变化可能带来的胀缩。此外,应严禁使用水性胶水。

强化复合木地板

米色釉面墙砖

密度板雕花贴清玻璃

红樱桃木饰面板

强化复合木地板

印花壁纸

羊毛地毯　　　　　　　　　　陶瓷锦砖

皮纹砖　　　　　　　浅米色玻化砖

米色亚光玻化砖

皮纹砖

陶瓷锦砖

聚酯玻璃

肌理壁纸

中花白大理石

石膏板背景

白枫木饰面板

米黄色网纹大理石

石膏板异形背景

陶瓷锦砖

米色网纹玻化砖

茶色烤漆玻璃

中花白大理石

验收木地板铺装要注意哪些方面 🔍

装饰硬包

1.看地板是否变形。装修人员在铺设木地板时，由于地板铺设太过紧密或者地板含水率太低，很容易导致地板起拱，应重新更换木地板。

2.看地板是否有声响。在地板上来回走动并用力踩踏，特别是靠墙部位和门洞部位，发现有声响的部位，重复踩踏确定声响的具体位置。

3.看木地板铺设是否严密，与门框、地板表面接缝是否符合规范。

4.看木地板与门槛、壁橱等相接处是否预留缝隙。预留缝隙是为了保证地板自由膨胀和收缩，如果未预留缝隙则很容易导致地板起拱和挤裂现象发生。

5.看地板的颜色是否一致，是否有明显色差。色差太大会影响整体美观。

6.看地板的表面是否有蛀眼、缝隙、划痕。若发现有蛀眼应要求及时更换，划痕主要是施工人员施工粗糙造成，可打蜡进行修复，如不能修复则必须更换。

印花壁纸

木纹玻化砖

仿古砖

米色玻化砖

胡桃木装饰立柱

米黄色网纹大理石

实木地板

雕花清玻璃

白色乳胶漆

雕花银镜

雕花银镜   深咖啡色网纹大理石

仿古砖

白色人造大理石

印花亚光墙砖

木质窗棂造型隔断

陶瓷锦砖 ·············

仿古砖 ·············

印花壁纸 ·············

米色玻化砖

强化复合木地板

装饰银镜

灰色釉面墙砖

木质装饰横梁

米黄色网纹玻化砖

白枫木饰面板

条纹壁纸

强化复合木地板

车边茶镜

木纹大理石

白色玻化砖

仿古墙砖

混纺地毯

黑镜装饰线

白桦木饰面板

米白色亚光墙砖

印花壁纸

黑胡桃木装饰线

灰镜装饰线

如何防止地板铺贴后出现色差

对实木地板的自然色差苛求一致是不现实的。实木地板一定有色差，是自然存在、不可避免的，这是天然的属性所决定的，即使使用同一树种的板条，颜色也可能会出现较大的差异。如果铺设不当，便极易呈现出花脸。在使用清漆木色地板铺设，特别是色差极大的树种板条时，应考虑板条的选择和调配，做到地板的颜色由浅入深，或者由深入浅逐渐过渡。另外，还可在铺装时先进行试铺装，同时在铺装过程中逐步过渡，把颜色接近的地板铺到一起，其余可铺到床下、衣柜和沙发下，以减轻视觉差。

印花壁纸

密度板雕花

肌理壁纸

密度板树干造型

中花白大理石

印花壁纸

手绘墙饰

仿古砖

印花壁纸

艺术地毯

米色玻化砖

装饰硬包

雕花茶玻璃　　　　　　装饰硬包

雕花灰镜

安娜米黄色大理石

白枫木踢脚线

艺术墙贴

实木地板

白枫木装饰立柱

米色亚光玻化砖

米色网纹大理石

实木地板

白色人造大理石拓缝

如何防止地板起鼓

有的地板在铺完后，受潮膨胀而出现起鼓现象。这大都与地板周围的环境，特别是基础太潮或地板进水有关系。为确保地板不起鼓，在铺贴时应该注意以下几点：

1.控制木地板含水率，其含水率不应大于12%。

2.必须等木搁栅间浇灌的细石混凝土或保温隔声材料干燥后才能铺设地板。

3.合理设置通气孔。木搁栅应做到孔槽相通，与地板面层通气孔相连，地板面层通气孔每间不少于两处，踢脚板通气孔每边不少于两处，通气孔应保持畅通，以利空气流通。

4.木地板下层板(即毛地板)，板缝应适当拉开，一般为2~5mm，表面应刨平，相邻板缝应错开，四周离墙约10~15mm。

5.木地板面层与墙之间应留10mm的缝隙，用踢脚板或踢脚条封盖。

密度板树干造型

雕花黑色烤漆玻璃

羊毛地毯

石膏板异形背景

云纹大理石

肌理壁纸

木纹玻化砖

装饰银镜

米黄色大理石踢脚线

强化复合木地板

布艺软包

中花白大理石

印花壁纸

桦木百叶

仿古砖

木纹大理石

米黄色玻化砖

米黄色玻化砖

白色人造大理石

装饰硬包

艺术墙贴

手绘墙饰

米黄色洞石

如何防止地板边缘起翘

　　实木地板边缘起翘的主要原因就是板材受潮，可能是由于在铺装过程中地面未干燥彻底；或者是防潮隔离措施不到位，未完全阻断水分对地板的侵袭，包括地下管道、地热管道因室内温差造成的冷凝水。另外，也有可能是在地板清洁过程中人为用水导致。因此，在铺装前，应尽量保证地面和其他辅助基材的干燥，特别是防潮隔离措施要做到位，防潮隔离层应保证整体的密封。如果发现实木地板受潮后，应立即掀开房间周围的地板，起到散潮作用，这样做可以缓解变形程度。如果受潮面积大，变形程度大，建议重整基层，干燥处理过后再重新铺装地板。

直纹斑马木饰面板

水曲柳饰面板

密度板拓缝

木纹大理石

强化复合木地板

桦木饰面板

装饰硬包

不锈钢条

雕花清玻璃

皮纹砖

水曲柳饰面板

米白色玻化砖

白色玻化砖

密度板雕花隔断

米黄色大理石

仿古砖

仿古砖

艺术墙贴

米黄色网纹大理石

混纺地毯

仿古砖

磨砂玻璃

中花白大理石

泰柚木饰面板

地板如何保养

　　地板必须在全部安装完毕48小时之后方可正式使用，如放置家具、清理地面等。如不马上入住，须每天对室内通风。这是在正式使用之前的前期工作，对地板日后的维护有重要的作用。

　　在日常使用中，严禁使用有害化学物质清洗地板，如：不明成分的牵尘剂等。日常清洗中，应使用含水率低于30%的湿布清理表面，如果地板出现污点，如：醋、盐、油等沾染地板，可使用专用清洁用品，切勿使用汽油清洗。室内温度保持在16℃~24℃，室内相对湿度≤40%时，应采取加湿措施；室内相对湿度≥100%时应通风排湿，最佳的空气湿度在40%~70%之间。

　　为了保持地板的原有色泽和质感，更为了提高地板的使用寿命，要有规律地进行养护。一般来讲，实木地板安装完成后要做一次保养，而且一定要使用专业配套的保养品。针对不同材质、不同表面的地板，养护用的保养品也不尽相同。

雕花灰镜

鹅卵石

强化复合木地板

米黄色网纹大理石

不锈钢条

肌理壁纸

米黄色大理石

印花壁纸

白色人造大理石

印花壁纸

有色乳胶漆

实木地板

布艺软包

米色网纹玻化砖

钢化玻璃

胡桃木装饰线

如何选购实木地板

米色网纹大理石

1.地板的含水率：我国不同地区对实木地板的含水率要求均不同，国家标准所规定的含水率为10％～15％。购买时先测展厅中选定的木地板含水率，然后再测未开包装的同材种、同规格的木地板含水率，如果相差在2％以内，可认为合格。

2.观测木地板的精度：用10块地板在平地上拼装，用手摸、眼看其加工质量精度，光洁度是否平整、光滑，榫槽配合、安装缝隙、抗变形槽等拼装是否严丝合缝。质量好的地板做工精密，尺寸准确，边角平整，无高低差。

3.检查基材的缺陷：看地板是否有死节、活节、开裂、腐朽、菌变等缺陷。由于木地板是天然木制品，客观上存在色差和花纹不均匀的现象。若过分追求地板无色差是不合理的，只要在铺装时稍加调整即可。

4.挑选板面、漆面质量：油漆分ＵＶ、ＰＵ两种。一般来说，含油脂较高的地板如柏木、蚁木、紫心苏木等需要用ＰＵ漆，用ＵＶ漆会出现脱漆、起壳现象。选购时关键看烤漆漆膜光洁度、耐磨度，有无气泡、漏漆等。

茶色烤漆玻璃

陶瓷锦砖　　　　　米黄色大理石　　　　　雕花银镜